Übergewicht und Adipositas

Folgeerkrankungen, Krankheitsbild, Bekämpfung und Prävention

Raphael Niksic

Bibliografische Information der Deutschen Nationalbibliothek:

Die Deutsche Nationalbibliothek verzeichnet diese Publikation in der Deutschen Nationalbibliografie; detaillierte bibliografische Daten sind im Internet über http://dnb.d-nb.de abrufbar.

ISBN: 9783389034316
Dieses Buch ist auch als E-Book erhältlich.

Druck und Bindung: Books on Demand GmbH, Norderstedt Germany
Gedruckt auf säurefreiem Papier aus verantwortungsvollen Quellen

Das vorliegende Werk wurde sorgfältig erarbeitet. Dennoch übernehmen Autoren und Verlag für die Richtigkeit von Angaben, Hinweisen, Links und Ratschlägen sowie eventuelle Druckfehler keine Haftung.

Das Buch bei GRIN: https://www.grin.com/document/1482756

Spezielle Aspekte der Ernährung

Übergewicht und Adipositas

Seminar: Ernährungsmitbedingte Erkrankungen

Studiengang: Bachelor Bewegung und Ernährung

Wintersemester 2021/22

Verfasser: RAPHAEL NIKSIC

Inhaltsverzeichnis

1 Einleitung

„Schlank und Fit ist der Hit". In der heutigen Zeit prägen solche Sätze die Gesellschaft, die vor allem durch soziale Medien verbreitet werden. Wenn man schlank und definiert ist, entspricht man dem Schönheitsideal. Hingegen werden Menschen, die nicht dem vorgegebenen Bild entsprechen, oft verurteilt oder sogar missachtet. Während es Personen gibt, die mit sich selbst hadern, wenn ein Bauchansatz zu sehen ist, haben stark übergewichtige Menschen ein ernstzunehmendes Problem. Neben dem Verlust am sozialen Umfeld findet meist auch eine Ausgrenzung am Arbeitsplatz statt. Daraufhin folgen weitgehend seelische Erkrankungen wie zum Beispiel eine Depression sowie andere gesundheitliche Einschränkungen, die dazu führen, die Betroffenen komplett aus der Bahn zu werfen. Wer mit Übergewicht zu kämpfen hat, wird möglicherweise soziale und körperliche Folgen noch verkraften. Doch bei Gewicht auf beliebiger Stufe der Adipositas wird die Gesundheit zu einem sehr hohen Maß beeinträchtigt. Die Vielzahl an unterschiedlichen Therapie- und Präventionsmaßnahmen erhalten somit ihre Bedeutung. Im folgenden Bericht wird Adipositas definiert und Ursachen der Entstehung sowie die Entwicklung der Krankheit erläutert. Außerdem werden mögliche Folgen der Erkrankung beschreiben und wie diese den Alltag beeinflussen. Des Weiteren wird auf die Behandlungsmöglichkeiten und den Umgang mit adipösen Menschen eingegangen.

2 Was ist Adipositas?

2.1 Definition

Der Begriff Adipositas beschreibt ein starkes oder krankhaftes Übergewicht, welches per Definition durch eine „übermäßige Expansion der Körperfettmasse" charakterisiert ist (Hauner, 2014, S. 1). Beeinträchtigung zahlreicher Körperfunktionen und erhöhtes Morbiditäts- und Mortalitätsrisiko stellen häufige Begleiterscheinungen von Adipositas dar (Hauner, 2014). Oft werden „Fettleibigkeit" oder „Fettsucht" als Synonyme verwendet. In manchen Teilen der Gesellschaft oder auch unter vereinzelten Ärzten wird Adipositas nicht als Erkrankung, sondern viel mehr als ein Zeichen des ungesunden Lebensstils eingestuft (Was Ist Adipositas? | IFB AdipositasErkrankungen, 2022). Gemäß der Weltgesundheitsorganisation (WHO) ist Adipositas jedoch als eigenständige Krankheit zu betrachten, die aus vielen verschiedenen Ursachen resultiert und dabei wiederum weitere Risikofaktoren mit sich bringt (Robert-Koch-Institut, 2017).

2.2 Methoden der Bestimmung

Das am häufigsten verwendete Maß zur Klassifizierung von Übergewicht und Adipositas, ist der Body Mass Index (BMI). Dieser berechnet sich aus dem Quotienten von Körpergewicht in Kilogramm und der Körpergröße in Metern im Quadrat. Der BMI gibt keine Auskunft über die Körperzusammensetzung in Fett- und Muskelmasse und bietet somit lediglich einen Richtwert. Dieser korreliert jedoch auf Populationsebene gut mit der Gesamtkörperfettmasse, weshalb er in der Praxis als Indikator für den Körperfettanteil herangezogen werden kann (Wilms & Schmid, 2021). Bei Erwachsenen wird der BMI in verschiedene Kategorien eingeteilt. Ab einem BMI von 25 kg/m² wird von Übergewicht gesprochen. Ab einem BMI von 30 kg/m² ist von Adipositas die Rede. Für die Betroffenen, die als adipös gelten, erfolgt zudem eine weitere Differenzierung in unterschiedliche Grade (Tab. 1).

Tab. 1: Klassifikation der Körperfettmasse anhand des BMI (Quelle: WHO, 2000)

Gewichtskategorie	BMI [kg/m²]
Untergewicht	<18,5
Normalgewicht	18,5-24,9
Übergewicht	25,0-29,9
Adipositas Grad I	30,0-34,9
Adipositas Grad II	35,0-39,9
Adipositas Grad III	≥40,0

Zu beachten ist jedoch, dass ein erhöhter BMI oder auch Übergewicht nicht zwingend problematisch ist. Neben dem erhöhten Körpergewicht und damit verbundenen Körperfettmasse ist das Fettverteilungsmuster mit Blick auf das metabolische und kardiovaskuläre Risiko von zentraler Bedeutung. Im Fokus steht dabei das sogenannte intra-abdominelle Fett. Um dieses, auch viszerales Fett genannt, zu bestimmen, wird von Fachleuten der Taillenumfang gemessen. Ist ein Taillenumfang bei Frauen von ≥88 cm und bei Männern von ≥102 cm zu verzeichnen, liegt per Definition eine abdominelle Adipositas vor (Wilms & Schmid, 2021). Auch das Verhältnis von Bauch – und Hüftumfang (waist-to-hip-ratio) kann Aufschluss geben, ob ein erhöhtes Erkrankungsrisiko besteht. Personen mit viel Muskelmasse oder einer Fettverteilung überwiegend in Bereichen des Gesäßes sind in der Regel weniger gefährdet. Mit steigendem BMI und Taillenumfang erhöht sich das Risiko für Folgeerkrankungen. Werden dabei Grenzwerte überschritten, kann man von einem krankhaften Übergewicht ausgehen (Was Ist Adipositas? | IFB AdipositasErkrankungen, 2022).

3 Pathogenese

Auf den ersten Blick lässt sich die Entstehung eines krankhaften Übergewichts vereinfacht nach dem Gesetz der Thermodynamik erklären. Wenn die Energieaufnahme den Energieverbrauch des Menschen übersteigt, entsteht eine positive Energiebilanz. Auslösend hierfür können eine übermäßige Energieaufnahme in Form von einer energiedichten Nahrung oder ein Bewegungsmangel sein. Aus einer meist schon länger vorhandenen positiven Energiebilanz resultiert dann die Entwicklung von Adipositas. Die Ursachen einer Adipositas Erkrankung sind jedoch multifaktoriell und komplex. Somit kann nicht von einer allgemeingültigen Erklärung ausgegangen werden (Wilms & Schmid, 2021). Individuelle Faktoren auf genetischer, biologischer, neurobiologischer, psychologischer und sozialer Ebene können eine Adipositas begünstigen. Prägnant dabei sind jedoch die Lebensstilfaktoren, Erkrankungen und Medikamente sowie die Genetik.

3.1 Lebensstil

Fettreiche, energiedichte Kost wie beispielsweise Fastfood- oder Convenience-Produkte erhöhen das Risiko einer Gewichtszunahme. Insbesondere Produkte mit einem übermäßigen Zucker- und Fettanteil und fehlender Ballaststoffe aus der modernen Lebensmittelindustrie sind zusammen mit deren ständigen Verfügbarkeit problematische Umstände. Zu beobachten war in den letzten Jahren eine Zunahme der Portionsgrößen insbesondere bei oben genannten Konsumgütern, welche dadurch zu einem höheren Verzehr verleiten. Auch die Essenszeiten vieler Menschen haben sich gelockert. Somit wird meist nur bei Gelegenheit oder spontan gegessen („Snacking"), was die Kontrolle der Energieaufnahme zunehmend erschwert. Ein weiterer problematischer Faktor ist die Technisierung des Alltagslebens und das damit verbundene veränderte Freizeitverhalten. Es entsteht ein zunehmender Bewegungsmangel, da zum Beispiel Laufwege entfallen. Zudem werden Videospiele oder Fernseher schauen dem draußen aktiv sein und einer sportlichen Betätigung vorgezogen (Hauner, 2014). Ein besonderes Augenmerk sollte neben dem Ess- und Bewegungsverhalten auch auf unsere Ruhe- und Schlafphasen gelegt werden. Eine verkürzte Schlafdauer oder auch ein veränderter Schlafrhythmus können adipogene Bestandteile darstellen (Wilms & Schmid, 2021).

3.2 Erkrankungen und Medikamente

Ein weiterer Risikofaktor einer Adipositas-Entwicklung sind depressive Erkrankungen. Auch die Einnahme bestimmter Medikamente können in manchen Fällen ein krankhaftes Übergewicht begünstigen. Beispiele hierfür sind Neuroleptika, trizyklische Antidepressiva, Glukokortikoide oder auch Betablocker (Wilms & Schmid, 2021).

3.3 Genetik

Neben den genannten Umweltfaktoren spielen individuelle und genetische Gegebenheiten eine zentrale Rolle. „Schätzungsweise 40-70 % der interindividuellen Variabilität im Körpergewicht sind durch genetische Faktoren bedingt" (Wilms & Schmid, 2021, S. 860). Allerdings bedeutet dies nicht, dass ausschließlich diese Erbanlagen dafür verantwortlich sind – das liegt in den seltensten Fällen vor. Auch hier wirken die Gene individuell auf die Betroffenen (Ursachen | IFB AdipositasErkrankungen, 2022). Aktuell werden „Adipositas-Risiko-Gene" gesucht und erforscht. Insgesamt ist die zugrunde liegende Datenlage über die genetischen Mechanismen, die eine Adipositas hervorrufen noch nicht ausreichend. Hier herrscht derzeit noch Klärungsbedarf (Adipositas-Risikogene Unter Der Lupe, 2022).

4 Folgeerkrankungen, Krankheitsbild

Adipositas ist eine chronische Krankheit. Doch nicht nur Fettleibigkeit gehört zum Erscheinungsbild der Adipositas, viel mehr geht sie mit weiteren Krankheits- und schwerwiegenden gesundheitlichen Risiken einher (Weber & Kössler, 2021).

4.1 Metabolisches Syndrom

Das Risiko an Herz-Kreislauf-Erkrankungen, Krebserkrankungen und Stoffwechselstörungen zu erkranken wird durch Adipositas drastisch erhöht. Bei an Adipositas erkrankten Menschen kommt es häufig zum Metabolischen Syndrom, auch genannt „Wohlstandssyndrom". Dazu zählt in erster Linie die Fettleibigkeit sowie die daraus resultierenden gesundheitlichen Probleme wie Bluthochdruck und eine Zucker- und Fettstoffwechselstörung (Öffentliches Gesundheitsportal Österreich, 2021).

Bluthochdruck entsteht, da das Herz und der Kreislauf eines fettleibigen Menschen einer höheren Belastung ausgesetzt sind. Außerdem fördert abdominales Fett Entzündungsprozesse, was zu einer frühzeitigen Arteriosklerose (Gefäßverkalkung) führt. Die Elastizität der Gefäße nimmt ab und es werden Ablagerungen gebildet, die den Blutdruck erhöhen (Universitätsmedizin Leipzig, Gabel, 2013).

Eine Zuckerstoffwechselstörung wird ebenfalls durch Adipositas begünstigt. Der Grund dafür ist die Überernährung, denn jedes Mal, wenn dem Körper Zucker zugeführt wird, erhöht sich unser Blutzuckerspiegel. Dieser wird im Normalfall von dem Hormon Insulin wieder gesenkt. Wird dem Körper aber Zucker im Überfluss zugeführt, wird es früher oder später zu einer Insulinresistenz kommen. Ab diesem Zeitpunkt spricht man dann von der Krankheit Diabetes Mellitus Typ 2. Diese ist zu Anfang noch durch Umstellung der Ernährung und des Lebensstils heilbar (explainity erklärvideos, 2011).

Übergewicht fördert ebenfalls die Entstehung von Fettstoffwechselstörungen. Die Triglyceride im Blut steigen an und es kommt zu einem gestörten Triglyceridstoffwechsel (Richter, 2022). Durch das überflüssige Cholesterin in unserem Blut bilden sich Ablagerungen in der Leber und im Gefäßsystem, worauf nicht selten die Entstehung einer Fettleber folgt (zeitnahtv, 2014).

Alle Faktoren des Metabolischen Syndroms begünstigen sich gegenseitig. Hinzu kommen noch Faktoren wie körperliche Inaktivität, Stress, Rauchen, bestimmte Medikamente und Alkohol, die ebenfalls eine zentrale Rolle bei der Entstehung des Metabolischen Syndroms spielen (Weber & Kössler, 2021).

4.2 Herz-Kreislauf-Erkrankungen

Ein weiteres Risiko der Adipositas ist die Entstehung von Herz-Kreislauf-Erkrankungen. Dazu gehören beispielsweise Schlaganfälle, Herzinfarkte, Herzmuskelschwächen und viele weitere. Diese werden verursacht, durch eine erhöhte Belastung des Herzens, da eine größere Körpermaße mit Blut und Sauerstoff versorgt werden muss. Die mit Übergewicht einhergehende Arteriosklerose führt zu einer verminderten Durchblutung des Herzens und Gehirns, bis hin zur vollständigen Verstopfung der Gefäße. Dadurch kann es zu Schlaganfällen oder einem Herzinfarkt kommen (Universitätsmedizin Leipzig, 2013).

4.3 Depression und Angststörungen

Weitere Folgen von Übergewicht sind Depressionen und Angststörungen durch Mobbing, Unzufriedenheit sowie soziale Ausgrenzung. Oftmals werden adipöse Menschen „über einen Kamm geschert". Ihnen wird gesagt, sie seien faul und undiszipliniert, sie seien selbst schuld, wenn sie sich so ungesund ernähren. Darauf folgen meist ein sozialer Rückzug und ein vermindertes Selbstwertgefühl (Lückel, 2020).

4.4 Tumorerkrankungen

Auch Tumorerkrankungen sind bei adipösen Menschen keine Seltenheit. Die Ursachen dafür sind noch nicht vollständig geklärt, jedoch stehen Veränderungen des Hormon- und Stoffwechselsystems im Verdacht. Die am häufigsten auftretenden Tumore sind an Speiseröhre, Dickdarm, Niere, Leber, Gebärmutterschleimhaut, Brust und Gallenblase festzustellen (Universitätsmedizin Leipzig, Gabel, 2012).

4.5 Refluxkrankheiten

Die sogenannten Refluxkrankheiten zählen zu den Erkrankungen des Verdauungssystems, dazu zählen die Bildung einer Fettleber und Gallensteinen. Diese Beschwerden werden ebenfalls durch Adipositas gefördert (Sackmann, 2017).

4.6 Hormonelle Störung

Hormonelle Störungen können ebenfalls durch Adipositas ausgelöst werden, da unsere Ernährung die hormonellen Reaktionen unseres Stoffwechsels beeinflusst. Häufig kommt es dann zum Polyzystischen Ovarialsyndrom (POC-Syndrom). Anzeichen hierfür können eine seltene oder sogar ausbleibende Regelblutung, Akne, verstärkter Haarwuchs oder auch Unfruchtbarkeit sein (Öffentliches Gesundheitsportal Österreich, 2021).

4.7 Lungenfunktionsstörungen

Im Übrigen kann Adipositas auch zu Lungenfunktionsstörungen führen. Durch Übergewicht wird die Lungenmechanik verändert und eingeschränkt. Dadurch kann es zu Atemnot, einer erhöhten Atemfrequenz und einer Schlafapnoe kommen (Brock, 2021).

4.8 Orthopädische Erkrankungen

Orthopädische Erkrankungen, wie der frühzeitige Verschleiß von Knie- und Hüftgelenken, hervorgerufen durch überhöhtes Körpergewicht und ein damit verbundenes erhöhtes Unfallrisiko, gehören ebenfalls zu den Folgen einer Adipositas. Des Weiteren zählen Gicht, Nieren-, Harnwegs- und Venenerkrankungen wie beispielsweise Thrombose, zu den Krankheiten, deren Risiko durch Adipositas erhöht wird (Weber & Kössler, 2021).

5 Einfluss auf den Alltag der Betroffenen

Neben den vielen Beschwerden durch Folgeerkrankungen einer Adipositas und die damit einhergehende Verringerung der Lebensqualität, kommt es zusätzlich auch im Alltag zu Einschränkungen und Problemen. Selbst in der heutigen Zeit wird die Krankheit nicht von allen Menschen ernst genommen, obwohl belegt ist, dass es sich bei Adipositas nicht um ein Figurproblem charakterschwacher Personen handelt.

Die Mitmenschen werfen Betroffenen Blicke zu, äußern unangebrachte Kommentare oder stempeln sie direkt als ungesund und unbewusst Lebende ab. Soziale Kontakte zu knüpfen ist für die Betroffenen erschwert, da die Mitmenschen meist voreingenommen sind. Diese soziale Ausgrenzung bis hin zu Mobbing führt oftmals zu einer Verringerung des Selbstwertgefühls und des Selbstbewusstseins. Daraufhin folgt häufig der eigene soziale Rückzug, da die Menschen sich in der Gesellschaft und in ihrem Körper nicht mehr wohlfühlen. Auch die Partnersuche stellt eine Herausforderung dar, da die Betroffenen eher zurückhaltend sind und nicht dem Schönheitsideal entsprechen. Durch die verminderte Teilnahme am sozialen Geschehen und die Unzufriedenheit, steigt die Wahrscheinlichkeit auf die Entwicklung einer Depression an. Dies bringt wiederum andere Risiken mit sich (Stiftung Gesundheitswissen, 2019).

Körperliche Einschränkungen erschweren viele Situationen im alltäglichen Leben. Es beginnt bereits beim Treppenlaufen oder Erreichen eines Ortes, zum Beispiel bei der Arbeit oder anderen Terminen. Will man nicht mit Schweißperlen auf der Stirn ankommen, muss man den Aufzug oder das Auto nutzen. Solche Situationen erfüllen wiederum die Erwartungen der Mitmenschen und es bildet sich ein „Teufelskreis", dem man nur mühsam entkommen kann (Stiftung Gesundheitswissen, 2019). Die Auswahl der Freizeitgestaltung ist eingeschränkt und einseitig. Draußen spazieren gehen ist für viele Betroffene meist keine Option, da dies häufig mit großer Anstrengung und Überwindung verbunden ist. Die Betroffenen stehen sich also teilweise auch selbst im Weg: „Das Paradoxe ist eben einfach, dass man auf der einen Seite weiß, was man tun muss, auf der anderen Seite es aber irgendwie nicht tun kann" (Meyer D., Stiftung Gesundheitswissen, 2019). Ein Ausflug in den Freizeitpark oder auf ein Konzert kommt ebenfalls nicht in Frage. Grund dafür sind langes Stehen und Gewichtsbeschränkungen. Will man mit seinen Kindern auf den Spielplatz, stellt auch das ein Problem dar: kleine Geräte und körperliche Einschränkungen. All diese Faktoren beeinflussen das alltägliche Leben.

Im Berufsleben stellt Adipositas ebenfalls eine Hürde dar. Die Jobsuche ist oft erschwert, sei es durch existierende Vorurteile oder die gesundheitlichen Risiken. Erhält man ein Jobangebot, müssen häufig trotzdem erst Sympathien erarbeitet werden und die Arbeit steht oftmals mehr unter Beobachtung als die Arbeit Nicht-Adipöser (Stiftung Gesundheitswissen, 2019).

Generell benötigen Menschen mit Adipositas häufig Medikamente, Spritzen oder andere Hilfsmittel, wie zum Beispiel Atemmasken zum Schlafen, die meist auch ein Hindernis im Alltag sein können (Stiftung Gesundheitswissen, 2019).

6 Bekämpfung und Prävention

Eine zentrale Ursache der Adipositas ist der jeweilige Lebensstil. Dieser ist von Bewegungsmangel, Fehlernährung, energiedichten Lebensmitteln, Fast Food und Alkohol gekennzeichnet (Wechsler, 2007). Sowohl bei der Behandlung als auch bei der Prävention wird eine langfristige Änderung der Lebensweise angestrebt. Dabei steht eine Gewichtssenkung bei der Behandlung und eine Gewichtsstabilisierung im Sinne der Prävention im Fokus. Folgende therapeutische Möglichkeiten gibt es: Umstellung der Ernährung (Diät), Verhaltensmodifikationen, Bewegungstherapie, Medikamente und bei extremer Adipositas chirurgische Maßnahmen (Hauner, 2014). Voraussetzung dafür sind eine hohe Eigenmotivation, eine Menge Selbstdisziplin sowie Durchhaltevermögen. Der Weg ist meist lange und intensiv, um vorhandene Ess- und Ernährungsmuster nachhaltig zu verändern. Als erster Schritt sollte man sich über das Thema Ernährung informieren. Eine erste Orientierung können die „10 Regeln der DGE" und Ernährungspyramiden (Abb. 1) darstellen (Deutsche Gesellschaft für Ernährung e.V., 2015). Gegebenenfalls kann eine umfangreiche Beratung eines Ernährungsexperten sinnvoll sein. Hinsichtlich der Adipositas-Behandlung sollten durchaus Ratschläge angenommen und wichtige Fragen zu Diät-Formen gestellt werden.

ERNÄHRUNGSPYRAMIDE

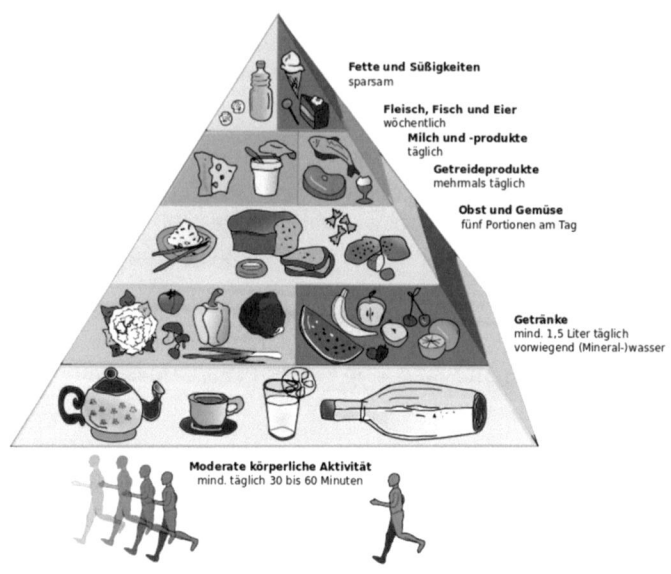

Abb. 1: Zweidimensionale Ernährungspyramide (Quelle: ernährung.de, 2021 – auf Empfehlung der DGE, 2005)

Das Ziel der Prävention ist eine ausgeglichene Energiebilanz. Der Referenzwert bei Erwachsenen im Alter von 19 bis 25 Jahren liegt bei den Männern im Bereich von 2600-3400 kcal/Tag und bei Frauen im Bereich von 2000-2600 kcal/Tag (Deutsche Gesellschaft für Ernährung e.v.,2015). Dieser Wert hängt zusätzlich von der körperlichen Aktivität ab.

Wenn auf eine Diät-Form zurückgegriffen werden muss, wird die Ernährung des Betroffenen so umgestellt, dass eine negative Energiebilanz entsteht. Das bedeutet, dass weniger Energie durch die Ernährung aufgenommen, als tatsächlich verbraucht wird. Um die negative Energiebilanz zu erreichen, wird ein Konsum von fettarmen, ballaststoffreichen und pflanzlichen Lebensmitteln empfohlen (Hauner, 2014).

Die Umstellung der Ernährung im Detail kann bei den jeweiligen Diätformen verschieden aussehen. In der Praxis wird häufig eine mäßige hypokalorische Kostform angewendet. Hier wird die Zufuhr aller Makronährstoffe begrenzt, um das angestrebte Energiedefizit zu erreichen (Hauner, 2014). Dabei ist zu beachten, dass der Fett- und Kohlenhydratverzehr reduziert wird. Empfohlen wird der Verzehr von Obst sowie ballaststoffreiche Vollkornprodukte.

Nicht nur die Menge an Nahrungszufuhr, sondern auch die geplante Essenszeiten spielen bei den Diäten eine entscheidende Rolle. Feste Essenszeiten sollten eingeplant und auf Snacks zwischendurch unbedingt verzichtet werden. Eine langfristige Gewichtsabnahme und Gewichtsstabilisierung kann nur dann gelingen, wenn die Ernährungsumstellung in Verbindung mit einer Verhaltensänderung und einer Steigerung der körperlichen Aktivität erfolgt (Deutsche Gesellschaft für Ernährung e.V., 2015).

Die Art der körperlichen Tätigkeiten kann dabei variieren. Sei es ein Spaziergang an der frischen Luft, gezieltes Kraft- und Ausdauertraining oder auch dem Autofahren das Fahrrad vorzuziehen. Um die Fettverbrennung gezielt anzukurbeln, eignet sich das Ausdauertraining hervorragend. Beim Aktivsein, ist es jedoch wichtig, dass auf einem weniger anspruchsvollen Schwierigkeitsgrad begonnen wird und sich die Leistung schließlich über einen längeren Zeitraum steigert. Dabei sollte der Körper nicht in die Phase der „Überanstrengung" gelangen. Ebenso sollten Trainingspausen einen Platz zwischen den Trainingseinheiten finden, um eine Erholung des Körpers ermöglichen zu können (Wilms & Schmid, 2021).

7 Fazit

Adipositas ist seit einigen Jahren eine anerkannte Krankheit. Die Ursachen für Übergewicht oder eine Adipositas bei den Betroffenen sind individuell und nicht immer mit einem ungesunden Lebensstil zusammenhängen. Die gesundheitlichen Einschränkungen und Schädigungen, die daraus resultieren können, sind oftmals durch vorzeitige Prävention abzuschwächen oder sogar zu vermeiden. Die Prävention fängt bereits in der Erziehung an. Zu ihr gehört vor allem gesunde, ausgewogene Ernährung und täglich körperliche Aktivität. Es ist ebenso wichtig gegen das, in den Medien vermittelte, Körperideal, schlank und durchtrainiert zu sein, anzukämpfen und eine gesunde Akzeptanz seinem eigenen Körperbild gegenüber zu schaffen. Dieses Umdenken ist auch wichtig, um zu verhindern, dass Betroffene dem psychischen Druck durch negative Meinungen anderer ausgesetzt werden. Die Vielzahl an Interventionsmaßnahmen vereinfachen einen ersten mutigen Schritt zu gehen und sich helfen zu lassen.

8 Literaturverzeichnis

Bornefeld, B. [Stiftung Gesundheitswissen]. (2019, 26. April). *Adipositas - ein persönlicher Erfahrungsbericht* [Video]. YouTube. https://www.youtube.com/watch?v=RYxnmzAWLHk

Brock, J. (2021). Warum es sich auch in der Pneumologie lohnt, aufs Gewicht zu achten [Elektrische Version]. *Pneumo news.* 13 (1), 28–34.

Deutsche Gesellschaft für Ernährung e. V. (2015). *Energie.* Zugriff am 19. Februar 2022 unter https://www.dge.de/wissenschaft/referenzwerte/energie/?L=0

Deutsche Gesellschaft für Ernährung e. V. (XX). *Diäten und Fasten.* Zugriff am 19. Februar 2022 unter https://www.dge.de/ernaehrungspraxis/diaeten-fasten/?L=0

Deutsche Gesellschaft für Ernährung e. V. (XX). *Vollwertig essen und trinken nach den 10 Regeln der DGE.* Zugriff am 19. Februar 2022 unter https://www.dge.de/ernaehrungspraxis/vollwertige-ernaehrung/10-regeln-der-dge/

Dr. Weber, K., Kössler T. (2021, 07. April). Was ist *Adipositas?.* Zugriff am 08. Februar 2022 unter https://www.diabinfo.de/leben/typ-2-diabetes/grundlagen/adipositas.html

explainity ® Erklärvideo. (2018, 03. Oktober). Diabetes einfach erklärt [Video]. YouTube. https://www.youtube.com/watch?v=_dacPWdpw4E

Hartmeyer, M. [Stiftung Gesundheitswissen]. (2019, 26. April). *Adipositas - ein persönlicher Erfahrungsbericht* [Video]. YouTube. https://www.youtube.com/watch?v=JIYRcMPOWZA

Hauner, H. (2014). Adipositas. In H. Lehnert, S. M. Schellong, J. Mössner, C. C. Sieber, W. Swoboda, A. Neubauer, B. Kemkes-Matthes, M. P. Manns, J. Rupp, G. Hasenfuß, J. Floege, M. Hallek, T. Welte, M. Lerch, E. Märker-Hermann & L. S. Weilemann (Hrsg.), *SpringerReference Innere Medizin* (S. 1–9). Springer Berlin Heidelberg.

Krause, L. [Stiftung Gesundheitswissen]. (2019, 29. April). *Adipositas - ein persönlicher Erfahrungsbericht* [Video]. YouTube. https://www.youtube.com/watch?v=uoXZN186qbQ

Lückel K. (2020). Übergewicht und Depressionen. Gemeinsam angehen. *UGBforum,* 20 (5), 242-245. Zugriff am 09. Februar 2022 unter https://www.ugb.de/ugb-medien/einzelhefte/klar-sauberes-wasser-fuer-alle/uebergewicht-und-depressionen-gemeinsam-angehen/druckansicht.pdf

Lüttmann C. (2019, 11. November). *Chronomedizin. Fettleibigkeit bringt Hormone aus dem Takt.* Zugriff am 09. Februar 2022 unter https://www.laborpraxis.vogel.de/fettleibigkeit-bringt-hormone-aus-dem-takt-a-881594/

Meyer, D. [Stiftung Gesundheitswissen]. (2019, 29. April). *Adipositas - ein persönlicher Erfahrungsbericht* [Video]. YouTube. https://www.youtube.com/watch?v=e_-uAnMV8rY&t=211s

Öffentliches Gesundheitsportal Österreich. (2021, 07. Oktober). *Polyzystisches Ovar Syndrom.* Zugriff am 09. Februar 2022 unter https://www.gesundheit.gv.at/krankheiten/sexualorgane/weibliche-hormone-zyklus/pco-syndrom

Öffentliches Gesundheitsportal Österreich. (2021, 17 Mai). *Metabolisches Syndrom.* Zugriff am 08. Februar 2022 unter https://www.gesundheit.gv.at/krankheiten/stoffwechsel/metabolisches-syndrom

Pander C. (2022, 08. Januar). *Übergewicht: Zu viele Kilos auf den Rippen schaden dem Gehirn?.* Zugriff am 09. Februar 2022 unter https://www.24vita.de/verbraucher/uebergewicht-demenz-gehirn-altern-adipositas-max-planck-leipzig-studien-veronica-witte-90265465.html

PD Dr. med. Horvath K., Prof. Dr. Siebenhofer-Kroitzsch A., Univ.Ass. Mag.rer.nat. Semlitsch T. (2019, 26. April). *Adipositas - Leben mit Adipositas.* Zugriff am 10. Februar 2022 unter https://www.stiftung-gesundheitswissen.de/wissen/adipositas/leben-mit-adipositas

Peerebooms, A. [Stiftung Gesundheitswissen]. (2019, 25. März). *Adipositas - ein persönlicher Erfahrungsbericht* [Video]. YouTube. https://www.youtube.com/watch?v=pz4LuPcvwfl

Prof. Dr. med. Manger B. (2015, 30. Dezember). *Gicht: Ursachen, Symptome, Therapie.* Zugriff am 09. Februar 2022 unter https://www.apotheken-umschau.de/krankheiten-symptome/gicht-ursachen-symptome-therapie-735409.html

Prof. Dr. med. Richter W. (2022). *Übergewicht und Adipositas. Gestörten Fettstoffwechsel in den Griff kriegen*. Zugriff am 08. Februar 2022 unter https://www.doctors.today/a/gestoerten-fett-stoffwechsel-in-den-griff-kriegen-1810650

Prof. Dr. med. Sackmann M. (2017, 18. August). *Gallensteine, deren Ursachen & Risikofaktoren*. Zugriff am 09. Februar unter https://www.internisten-im-netz.de/krankheiten/gallen-steine/was-sind-gallensteine-deren-ursachen-risikofaktoren.html

Universität(s)medizin Leipzig IFB Adipositas Erkrankungen. (2022). *Ursachen | IFB Adipositas Erkrankungen*. Zugegriffen am 09. Februar 2022 unter https://www.ifb-adipositas.de/adiposi-tas/ursachen

Universität(s)medizin Leipzig IFB Adipositas Erkrankungen. (2022). *Was ist Adipositas? | IFB Adipositas Erkrankungen*. Zugegriffen am 09. Februar 2022 unter https://www.ifb-adiposi-tas.de/adipositas/was-ist-adipositas

Universitätsklinikum Leipzig. (2018, 20. April). *Adipositas-Risikogene unter der Lupe*. Zugriff am 09.02.2022 unter https://www.uniklinikum-leipzig.de/presse/Seiten/Pressemittei-lung_6479.aspx

Universitätsmedizin Leipzig, Gabel D. (2012, 14. Februar). *Erhöhtes Krebsrisiko bei Adipositas*. Zugriff am 09. Februar 2022 unter https://www.ifb-adipositas.de/blog/2012-02-14-erhoehtes-krebsrisiko-bei-adipositas

Universitätsmedizin Leipzig, Gabel D. (2013, 19. August). *Bluthochdruck – die stille Gefahr*. Zugriff am 08. Februar 2022 unter https://www.ifb-adipositas.de/blog/2013-08-19-bluthochdruck-die-stille-gefahr

Universitätsmedizin Leipzig, Liborak M. (2013, 23. September). *Herz-Kreislauf-Erkrankungen häufigste Todesursache*. Zugriff am 09. Februar 2022 unter https://www.ifb-adiposi-tas.de/blog/2013-09-23-herz-kreislauf-erkrankungen-haeufigste-todesursache

Wechsler, J. G. (2007). Stellenwert der Ernährung bei Adipositas. *Der Internist*, 7 (48), 1093–1099.

Wilms, B., Schmid S. M. (2021) Adipositas bei Erwachsenen – Prävalenz, Bedeutung und Implikationen für die Prävention und Gesundheitsförderung. In Tiemann, M. & Mohokum, M. (Hrsg.). *Prävention und Gesundheitsförderung. Springer Reference Pflege – Therapie – Gesundheit.* (S. 855-864) Springer, Berlin, Heidelberg.

zeitnahtv. (2014, 27. November). *Fettstoffwechselstörungen natürlich behandeln [Video]*. YouTube. https://www.youtube.com/watch?v=MBMrycrZvAg

9 Tabellen- und Abbildungsverzeichnis